谨以此书献给我最热爱的故乡——北京，

亦献给每一位热爱北京城的大朋友和小朋友们！

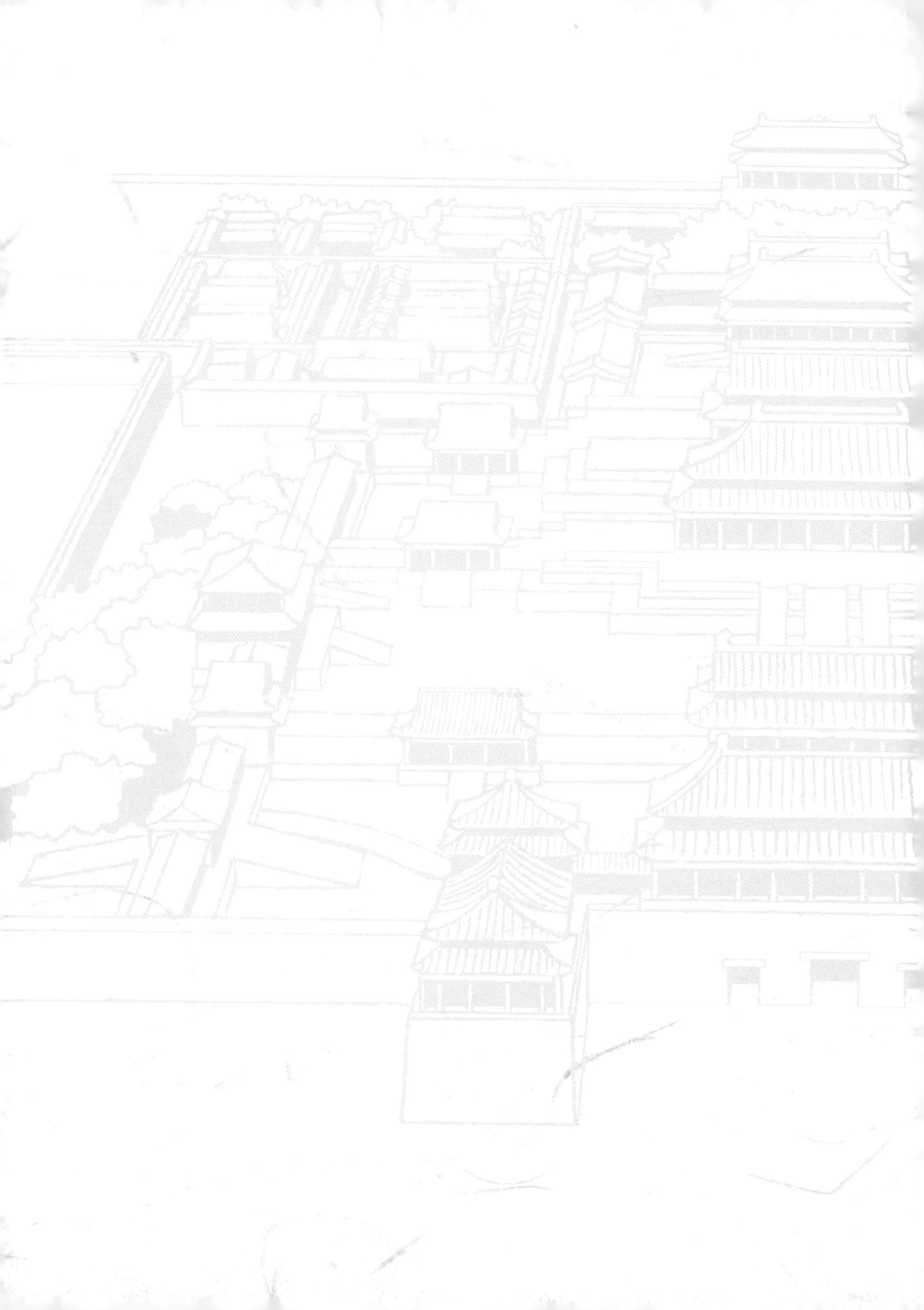

探秘四合院

5

日子欣欣欢乐多

叶　木◎著

中国人民大学出版社

·北京·

图书在版编目（CIP）数据

探秘四合院. 5，日子欣欣欢乐多 / 叶木著. -- 北京：中国人民大学出版社，2022.3

ISBN 978-7-300-30280-5

Ⅰ. ①探… Ⅱ. ①叶… Ⅲ. ①北京四合院一介绍 Ⅳ. ①TU241.5

中国版本图书馆CIP数据核字（2022）第022525号

探秘四合院（5）——日子欣欣欢乐多

叶 木 著

Tanmi Siheyuan (5)— Rizi Xinxin Huanleduo

出版发行	中国人民大学出版社		
社　　址	北京中关村大街31号	**邮政编码**	100080
电　　话	010-62511242（总编室）		010-62511770（质管部）
	010-82501766（邮购部）		010-62514148（门市部）
	010-62515195（发行公司）		010-62515275（盗版举报）
网　　址	http://www.crup.com.cn		
经　　销	新华书店		
印　　刷	北京瑞禾彩色印刷有限公司		
规　　格	185mm×240mm　16开本	**版　　次**	2022年3月第1版
印　　张	17.75　插页　2	**印　　次**	2022年3月第1次印刷
字　　数	195 000	**定　　价**	128.00元（全5册）

主角档案

男一号

姓名：赳赳

性别：男

原型：石狮子

年龄：保密

生日：庚午年三月初一

性格：威武雄健，精灵好动，贫嘴一枚，对一切充满好奇，能变化成各种人物角色，经常会闹出笑话，惹出乱子，人称“机灵鬼赳赳”。

名字起源于《诗经·国风·周南·兔罝（jū）》：赳赳武夫，公侯干城。

女一号

姓名：娈娈

性别：女

原型：石狮子

年龄：保密

生日：己巳年十月初二

性格：妩媚可爱，聪明善良，狮子界里的学霸！熟知中华上下五千年的历史，人称“万事通娈娈”。

名字起源于《诗经·小雅·甫田之什·车舝（xiá）》：间关车之舝兮，思娈季女逝兮。

使用秘籍

亲爱的小读者们，欢迎你们和赳赳、娈娈一起探索奇妙的北京城，一起解开隐藏在古老四合院里的千年未解之谜！

本书为互动百科类儿童读物，笔者建议各位小读者在家长的陪伴下阅读，并按照书中的提示完成相应的互动体验活动。

本书共分为两部分：漫画故事及四合知识。

在漫画故事部分，大家将在赳赳、娈娈两个小可爱的带领下，了解四合院的前世今生，领略四合院的独特风采，尤其是它们之间插科打诨、令人捧腹的趣味对白，相信会给你留下深刻的印象！

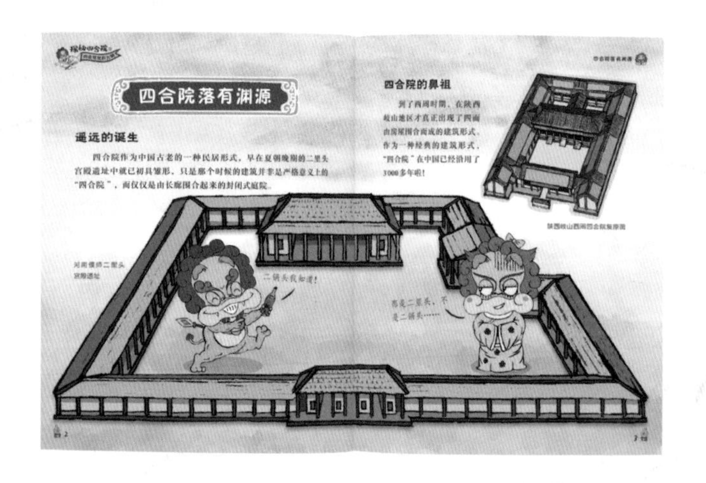

四合院落有渊源

遥远的诞生

四合院作为中国古老的一种民居形式，早在夏朝晚期的二里头宫殿遗址中就已初具雏形，只是那个时候的建筑并非是严格意义上的“四合院”，而仅仅是由长廊围合起来的封闭式庭院。

四合院的鼻祖

到了西周时期，在陕西岐山地区才真正出现了四面由房屋围合而成的建筑形式。作为一种经典的建筑形式，“四合院”在中国已经沿用了3000多年啦！

陕西岐山西周四合院复原图

河南偃师二里头宫殿遗址

四合知识部分为本书正文部分，主要介绍与四合院有关的各类知识及故事，其中穿插有三个互动功能板块：渊鉴类函、梦溪笔谈、天工开物。

原为清代官修的大型类书，是古代的“数据库”。本书标记为“渊鉴类函”的内容为相关知识拓展，可以让小读者了解更多有趣的文化现象和知识。

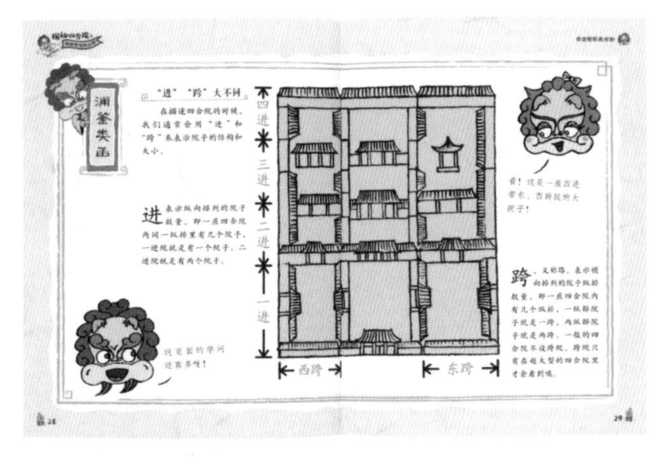
渊鉴类函

“进”“跨”大不同

在描述四合院的时候，我们通常会用“进”和“跨”来表示院子的结构和大小。

进 表示纵向排列的院子数量，即一座四合院内同一纵排里有几个院子，一进院就是有一个院子，二进院就是有两个院子。

跨，又称路，表示横向排列的院子纵排数量，即一座四合院内有几个纵排，一纵排院子就是一跨，两纵排院子就是两跨。一般的四合院不设跨院，跨院只有在超大型的四合院里才会看到哦。

28

29

原为北宋科学家沈括编写的一部涉及古代中国自然科学、工艺技术及社会历史现象的综合性笔记体著作，被称为中国古代的“十万个为什么”。本书标记为“梦溪笔谈”的内容为趣味知识互动问答，需要小读者进行大胆探索和猜测。

梦溪笔谈

世界上最长的游廊——颐和园长廊

颐和园长廊是世界上最长的游廊，这座建于200多年前的游廊以728米的长度和14 000余幅的彩画数量打破了吉尼斯世界记录，成为世界上长度最长、彩画最丰富的游廊。

颐和园

颐和园长廊

颐和园长廊上的彩画内容十分丰富，山水、花鸟、四大名著故事等都被描绘在了这728米长的长廊上。

22

23

原为明朝宋应星编著的世界上第一部关于农业和手工业生产的综合性著作，被誉为“中国17世纪的工艺百科全书”。本书标记为“天工开物”的内容为手工互动体验，需要小读者动手动脑完成相关制作或体验活动。

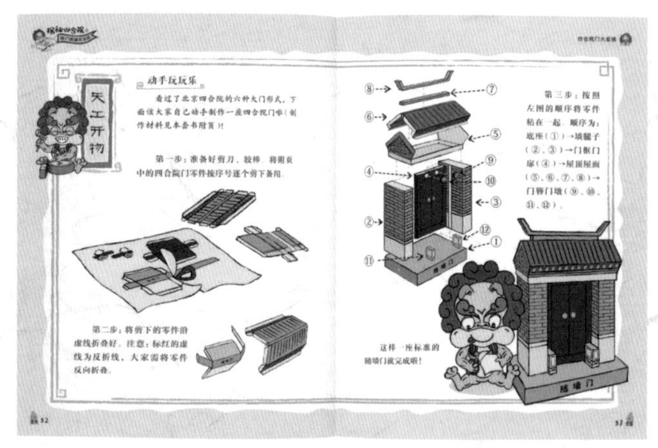

天工开物

动手玩玩乐

看过了北京四合院的六种大门形式，下面该大家自己动手制作一座四合院门啦（制作材料见本套书附页）！

第一步：准备好剪刀、胶棒，将附页中的四合院门零件按序号逐个剪下备用。

第二步：将剪下的零件沿虚线折叠好。注意：标红的虚线为反折线，大家需将零件反向折叠。

第三步：按照左图的顺序将零件粘在一起。顺序为：底座（①）→墙腿子（②、③）→门框门扉（④）→屋顶屋面（⑤、⑥、⑦、⑧）→门簪门墩（⑨、⑩、⑪、⑫）。

这样一座标准的随墙门就完成啦！

随墙门

52

53

目录

正房里的书墨香，厢房里的烟火气，院儿里的袅袅炊烟伴着院儿外的阵阵吆喝，还有孩子们玩游戏时那开心的嬉笑声：看你往哪儿跑，我抓住你啦……

室内摆设有门道

北京的四合院不仅在外部建造上很讲究，内部的装饰与摆设也是大有门道的。房间的功能不同，里面的装饰与摆设的家具也不尽相同。

堂屋

堂屋一般设在正房正中的明间内，其功能相当于现在的客厅，是一家老小聚会、闲坐、行礼的地方。

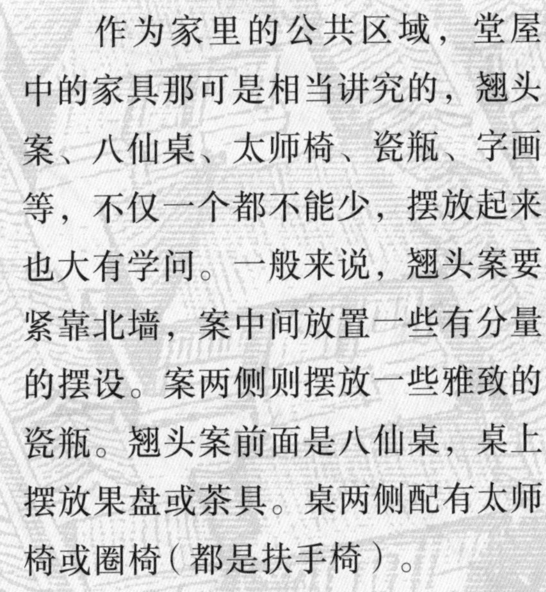

作为家里的公共区域，堂屋中的家具那可是相当讲究的，翘头案、八仙桌、太师椅、瓷瓶、字画等，不仅一个都不能少，摆放起来也大有学问。一般来说，翘头案要紧靠北墙，案中间放置一些有分量的摆设。案两侧则摆放一些雅致的瓷瓶。翘头案前面是八仙桌，桌上摆放果盘或茶具。桌两侧配有太师椅或圈椅（都是扶手椅）。

堂屋内墙上通常会悬挂一些素雅字画或家训警言。

字画
堂屋里的摆设可一样都马虎不得！

卧室

卧室通常设在次间（即明间两侧）或耳房内，装饰素雅清净，是院主人休息的地方。

卧室内的家具以床、橱为主，空间摆放较为紧凑。炕床多设置在墙根处，三面围墙。富裕人家还会在床外搭落地床罩。屋内侧墙边一般摆放联二橱或闷户橱，橱上放置帽镜、茶叶罐、瓷瓶等装饰物。墙上通常会挂一些与卧室环境相匹配的字画。

此外，由于卧室内没有卫生间，为了日常洗漱方便，还会在屋内放置面盆架。

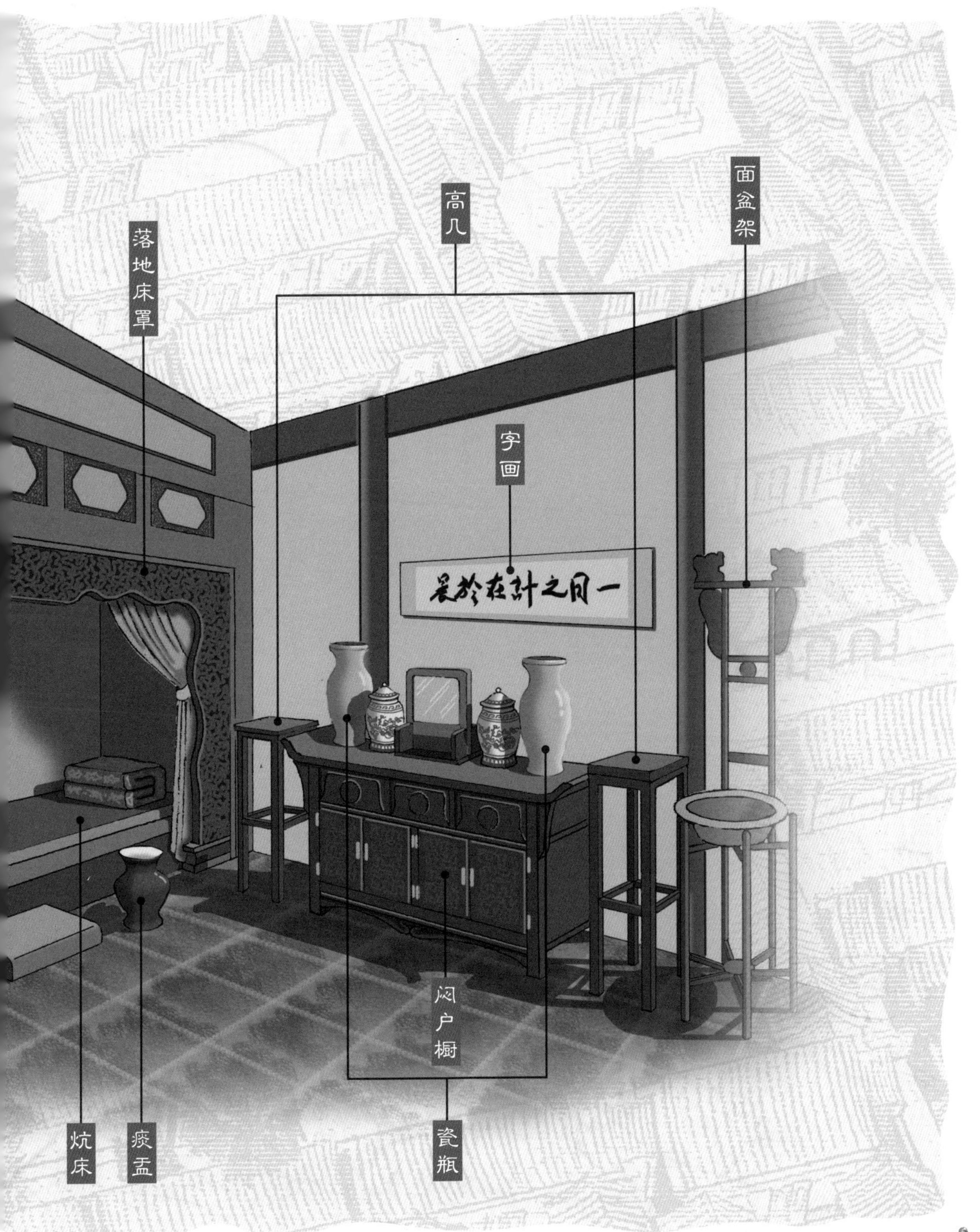

落地床罩
高几
面盆架
字画
一日之計在於晨
闷户橱
炕床
痰盂
瓷瓶

书房

书房是供院主人读书、作画、下棋、抚琴的地方，通常会设在院内较为安静的位置。

书桌

画案

书房内的摆设较为灵活，总体突出一个“雅”字。屋内窗下多摆放书桌，这样可以保证阅读时拥有良好的光线，桌上放置笔架、笔筒、书匣等。书桌旁为画案、书架。在距离书桌较近的位置摆放琴几，较远的位置摆放棋桌。屋内墙上一般会悬挂与书房气氛相符的字画。

此外，为了增添书房内的雅气，还会在适当位置摆放玉器、瓷器等。

笔架
花瓶
书架
字画
養心莫善於寡欲
高几
琴几
方凳

四合院的厕所在哪里？

如今，家里都设有干净整洁的卫生间，那过去住在四合院里的人们是怎样解决如厕问题的呢？

事实上，早年的四合院里也是有卫生间的，只不过和现在的差别很大。过去的卫生间也叫茅厕，一般建在倒座房的西侧，即四合院的西南角。茅厕里会放置一个木桶或大缸，方便时，直接蹲坐在上面即可。

由于当时城市里没有下水系统，因此每天都会有专门的清洁人员清理茅厕里的污物。

室外装饰趣味多

对于很多北京人来说，四合院不仅仅是一套房子，更是一种生活氛围，平日里的吃喝拉撒睡都离不开这“四方之地”。

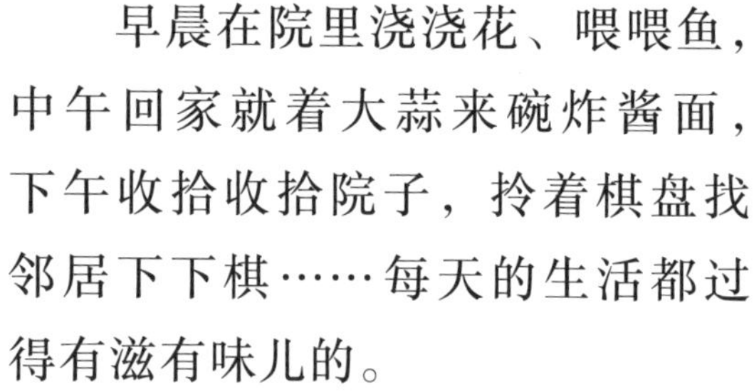

早晨在院里浇浇花、喂喂鱼，中午回家就着大蒜来碗炸酱面，下午收拾收拾院子，拎着棋盘找邻居下下棋……每天的生活都过得有滋有味儿的。

我知道，瞎得意什么，哼……
赳赳，你被我将啦！

为了让生活过得更有意思，院主人还会给小院增添不少有趣的元素，比如：院门上造型各异的门墩门簪；房檐下做工精美的砖雕；小院里五颜六色的花草……

哈哈，把我最爱吃的油条给你们吃！
赳赳，咱能不胡闹了吗？哪有给小金鱼喂油条的呀？

天棚、鱼缸、石榴树
先生、肥狗、胖丫头

这两句话最早出自清代夏仁虎《旧京琐事》一书。很多人认为这两句话描绘了北京四合院最美好的生活场景。事实上，其本意并不是描写四合院的美好景致，而是对古代书吏家庭奢侈生活的一种讽刺！但随着时代的变迁、人们生活水平的提高，这句原本用于讽刺的话渐渐变成了人们对于美好四合院生活的一种向往。

炎炎夏日，在院子里的石榴树下，边乘凉边逗小金鱼儿，是一件多么惬意的事情啊！

说到四合院里的装饰，就不得不从这家家都有、户户都装的门墩、门簪说起。

作为四合院装饰的“必做题”，不论您是高官豪绅还是平头百姓，都得在自家的大门、二门上装上这两样。不为别的，就为能让这家里的门站得住、立得牢！

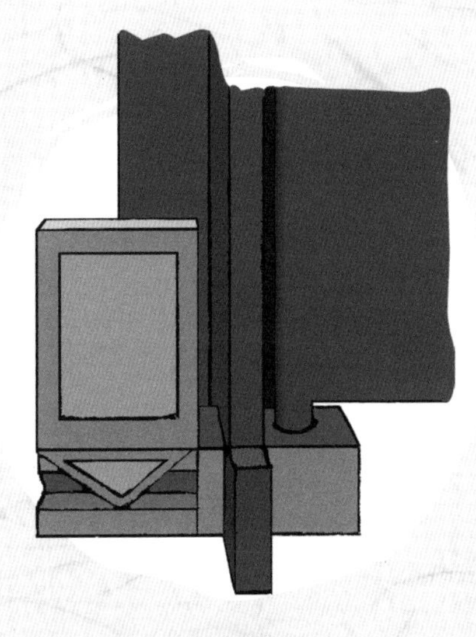

门墩

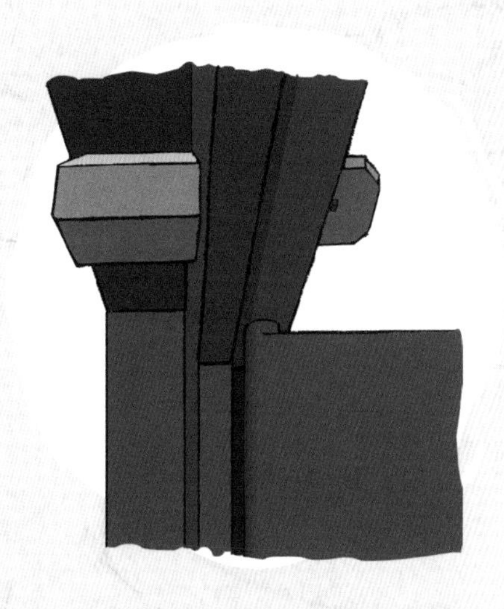

门簪

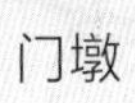

门墩

门墩又称门枕石，一般安在院门的最下方，用来承托和固定整个大门。门墩通常分为两种形式：圆的称为抱鼓形门墩，方的称为箱子形门墩。

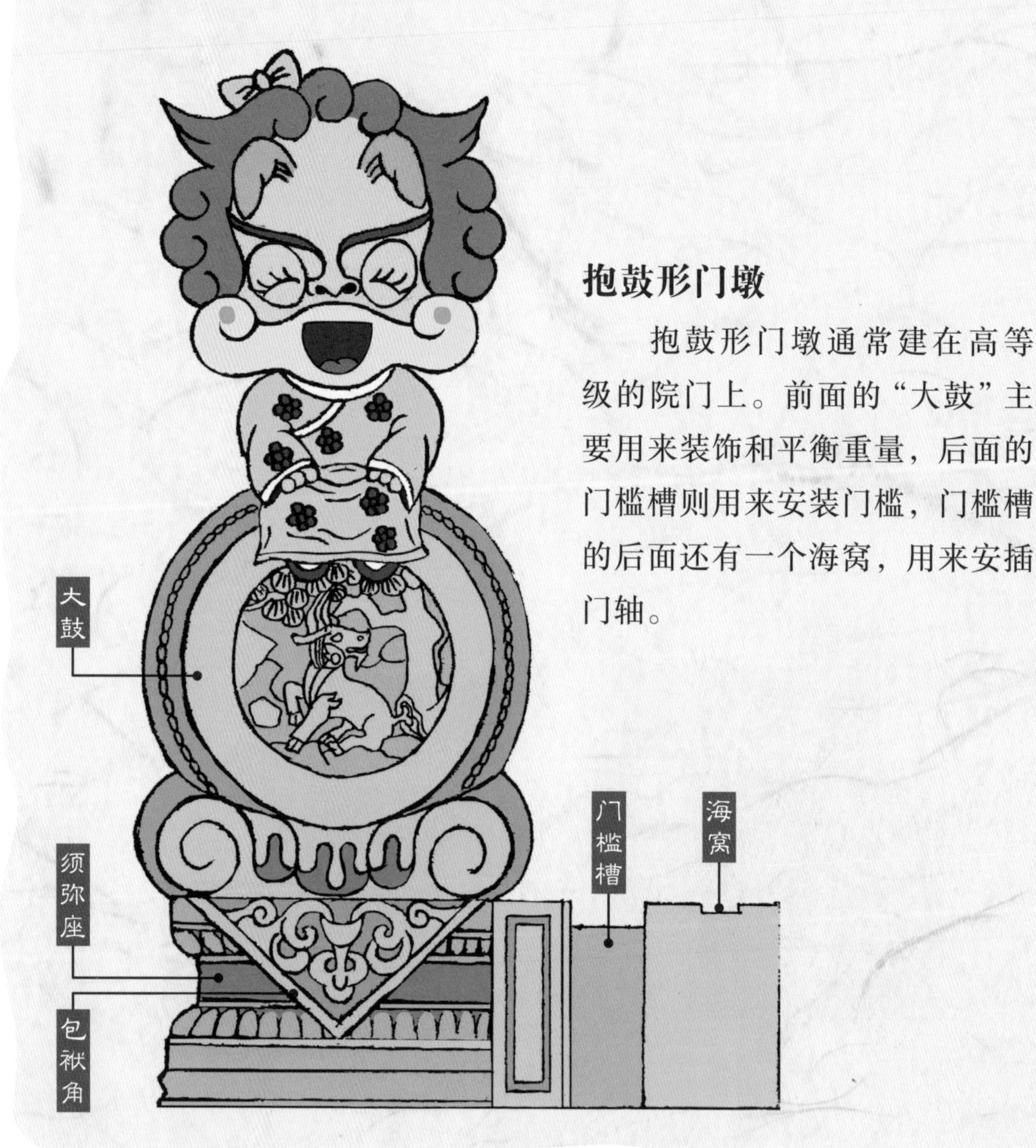

抱鼓形门墩

抱鼓形门墩通常建在高等级的院门上。前面的“大鼓”主要用来装饰和平衡重量，后面的门槛槽则用来安装门槛，门槛槽的后面还有一个海窝，用来安插门轴。

箱子形门墩

箱子形门墩通常建在低等级的院门上。前面的部分不是“大鼓”，而是一个方形的“箱子”，主要起装饰和平衡重量作用。后面门槛槽、海窝的位置和功能与抱鼓形门墩都是一样的。

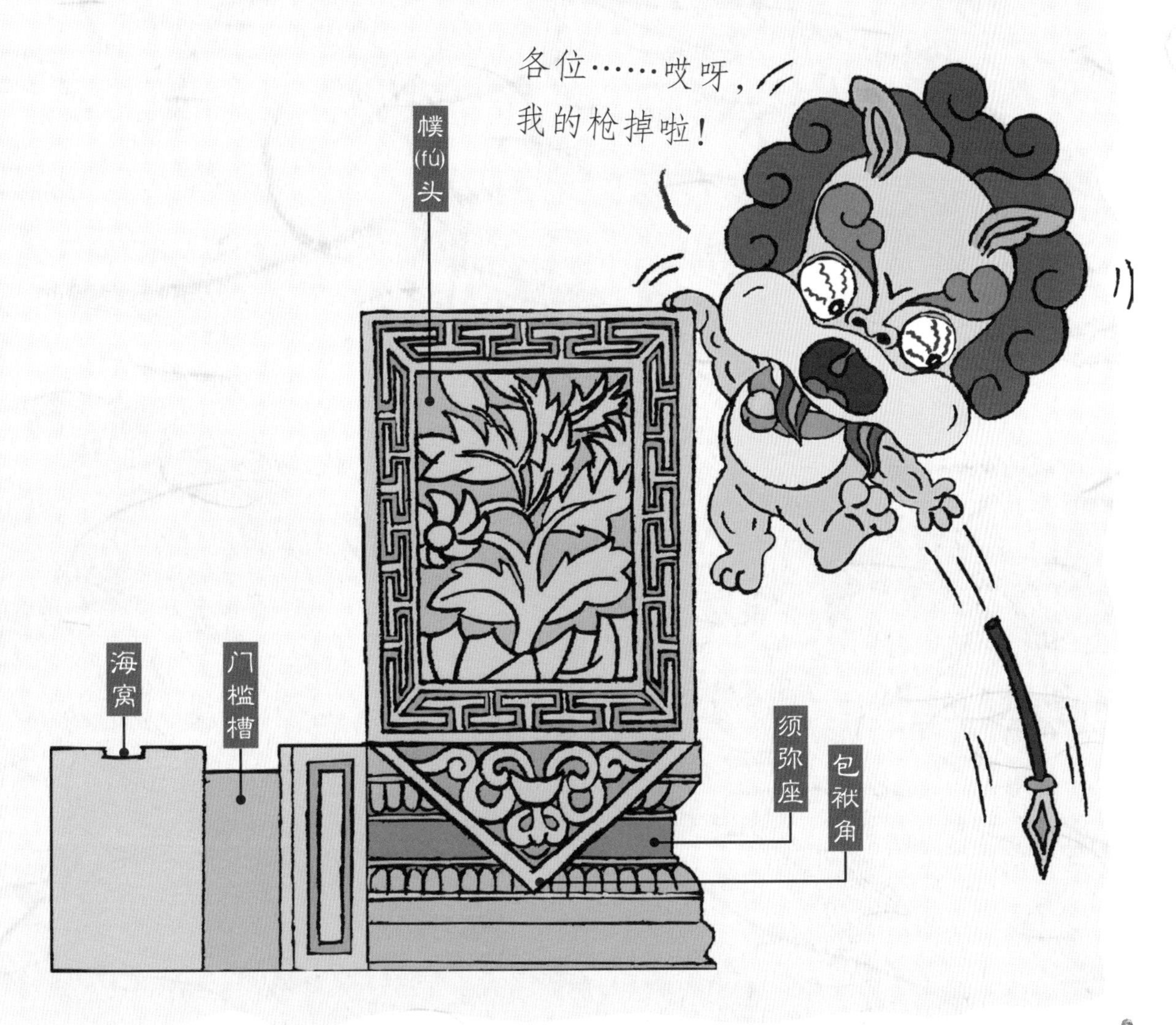

门墩上的“小美好”

对于很多四合院的主人来说，门墩除了实用性外，更多是用来装饰小院的。门墩上一般雕刻有精美的装饰图案，这些图案通常用来表达院主人对于生活的美好愿望。

哈哈，我也要刻一个门墩。刻点儿什么好呢？

莲花和鱼（连年有余）

三只羊（三阳开泰）

猴子和仙桃（白猿偷桃：寓意长寿）

喜鹊和梅花（喜上眉梢）

蝙蝠、梅花鹿、仙桃（福禄寿）

门簪

门簪是位于门楣上的一个构件，因形状类似女孩们插发髻用的簪子，故称门簪。它的功能和发簪大同小异，也是起固定作用的。门楣通过门簪和连楹①结合在一起，使得门扇被牢牢地固定在门框上。

大家可以看一看，这是娑娑的发簪，看看它的样子是不是和门簪很像？
吉
祥
如
意
41
57

前细瓦厂胡同41号院门的门簪　　东四九条57号院门的门簪

高等级的院门比较大，门簪通常为四个。低等级的院门比较小，门簪通常为两个。

---

①连楹：古建筑中通过门簪安装在门楣上的一个构件，两端连接门轴，用于开关门扇。

门簪由前后两部分组成，其中前半部呈短柱状，截面为圆形或六角形，截面上多写有“吉祥如意”“出入平安”“万寿无疆”等吉祥话。后半部则呈扁平状，用于穿插、固定门楣和连楹。

门簪的安装方法

门墩与门簪还有其他形式吗？

在北京的四合院里，除了抱鼓形和箱子形门墩外，还有一些异形门墩，例如狮子形、六棱形、花瓶形等。

门簪通常为四个或两个，三个门簪的院门在北京很难找到，但这并不代表不存在。感兴趣的你如果去距北京200多公里的河北蔚县，会发现那里几乎所有的院门都是三个门簪，非常有趣。

狮子形门墩（东板桥街）

六棱形门墩（东四四条）

三个门簪（河北蔚县古城）

三个门簪（河北蔚县古城）

大家查查看，门墩除了本书讲的类型外，还有没有其他形状的呢？门簪数量除了两个、三个和四个外，还有没有其他数量门簪的院门呢？

花木

植物花草是装饰四合院绝对离不开的元素，大到王府紫禁城，小到平民百姓家，都会用各种花草树木把院子装点起来。一年四季，春夏秋冬，四合院景致各不相同。

鲜花绿草点缀美好生活

青砖灰瓦的砖木建筑在花草的点缀下瞬间就有了生机！

院里种树讲究多

在四合院里种树有不少讲究，一般来说，柿子树、枣树、石榴树等都是北京人偏爱的树种。这些树一来可以增加生活的乐趣；二来可以表达人们对于生活的美好向往，比如事（柿）事（柿）如意、早（枣）生贵子、多子（石榴子）多福等。

四合院里栽树可是大有讲究的，可不能随便栽啊！
娈娈，你看我是栽松树，还是栽槐树呀？
松树

松树和槐树等是四合院栽树的禁忌。民间有这样一句话，叫“桑松柏梨槐，不进王府宅”。因为这些树种的发音或寓意大多不太吉利（桑通丧，松柏多在坟墓前，梨通离，槐字右边有个鬼），所以没有人会把这些树栽在院子里。

除了树木，小型花木也是四合院必不可少的元素。常见的有牡丹、芍药、玉兰、丁香、海棠、紫藤等。种植这些花木，在美化环境的同时，更能体现院主人的身份和文化修养。

我要种点海棠，也体现体现咱的文化修养哈！

赳赳，你是不是又想吃冻海棠了？

好吃的冻海棠

冻海棠是老北京特有的一种吃食。过去每到隆冬时节，在街边的小摊上、店铺里都能买得到。所谓冻海棠，就是把海棠果冻上之后再食用的一种小吃，酸甜可口，老少皆宜。不过吃的时候可要注意，千万不能直接放进嘴里，不然牙就全都给硌掉啦！吃之前，必须要先放在凉水里化（北京话叫“拔”）一下，等化开了再吃。一口吃下去，酸溜溜，甜滋滋，冰凉沁爽！

哈哈，这一盆冻海棠都是我的！哎哟，我的牙……

心急吃不了冻海棠！这么硬的冻海棠，哪能直接咬啊，得先用凉水拔一下！

四合院里的名树名花

纪晓岚故居里的百年海棠树

传说这株海棠树是纪大学士于200多年前亲手种下的，春来花开，秋来结果，生生不息。现如今，每到金秋时节，一簇簇红艳艳的海棠果就会挂满枝头。

老舍故居里的夫妻柿子树

这两棵柿子树是老舍夫妇在1953年的春天亲手栽下的，寓意事事如意。老舍故居也因此有了一个好听的名字——“丹柿小院”。

文天祥祠里的宋代老枣树

北京四合院里的枣树不少，但你见过八百多岁的老枣树吗？位于文天祥祠里的这株枣树据测算就是一株树龄超过八百岁的老枣树。整株树向南倾斜，树干粗壮，造型很是奇特呢！

这株枣树的造型就好像文天祥诗里写的那样：臣心一片磁针石，不指南方不肯休。

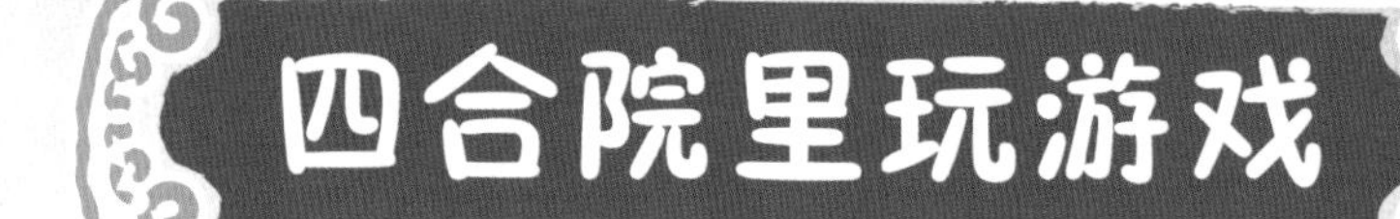

四合院里玩游戏

生活在四合院里的北京人从来都不会缺乏乐趣，除了种种花草，平日里能玩儿的东西也多着呢：遛鸟、斗蟋蟀、放鸽子、抖空竹……这么说吧，只要是能在院子里找到的东西，十有八九都能被当作玩物来玩，大到一辆车，小到一片叶，一天从早到晚，时时刻刻都有的玩儿！

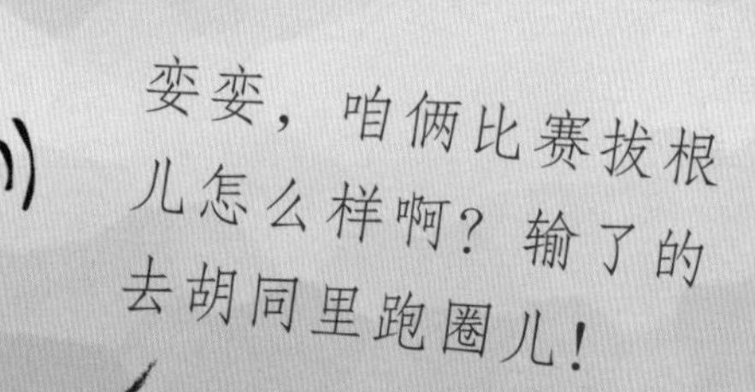

娈娈，咱俩比赛拔根儿怎么样啊？输了的去胡同里跑圈儿！

呼哧，呼哧……
好呀，来吧，说
话算数儿哦！

花鸟鱼虫

赳赳是个笨蛋，
赳赳是个笨蛋。
你说谁是
笨蛋？
养鹦鹉
养蝈蝈
骑小车

传统体育

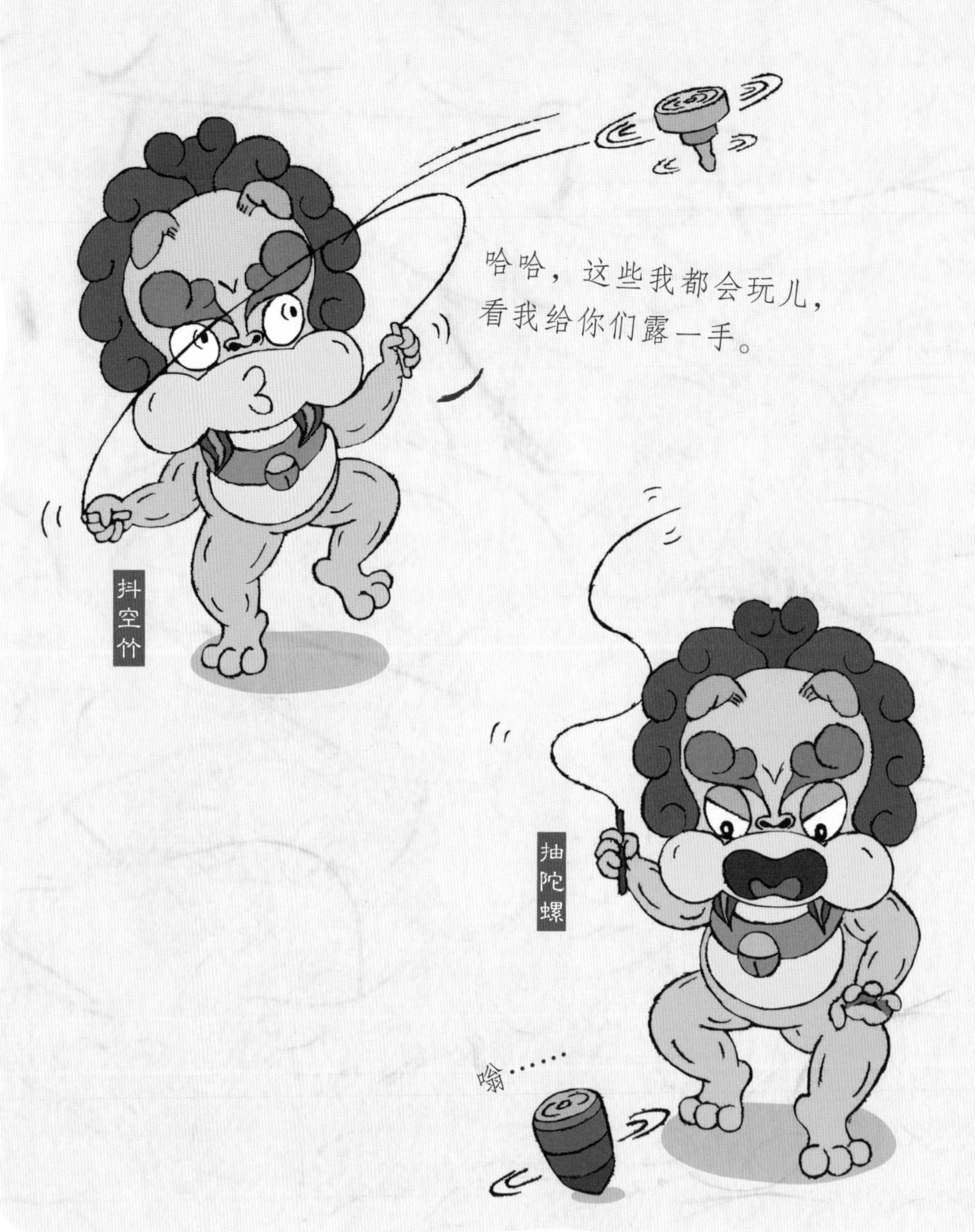
哈哈，这些我都会玩儿，看我给你们露一手。
抖空竹
抽陀螺
嗡……

抽鞭子
啪嗒……
踢毽子
哧溜，哧溜……
溜冰

文玩收藏

神秘连连看

淘气的赳赳这次又在干什么呢？快快按照不同颜色的数字序号把这些点连在一起，就知道答案啦！

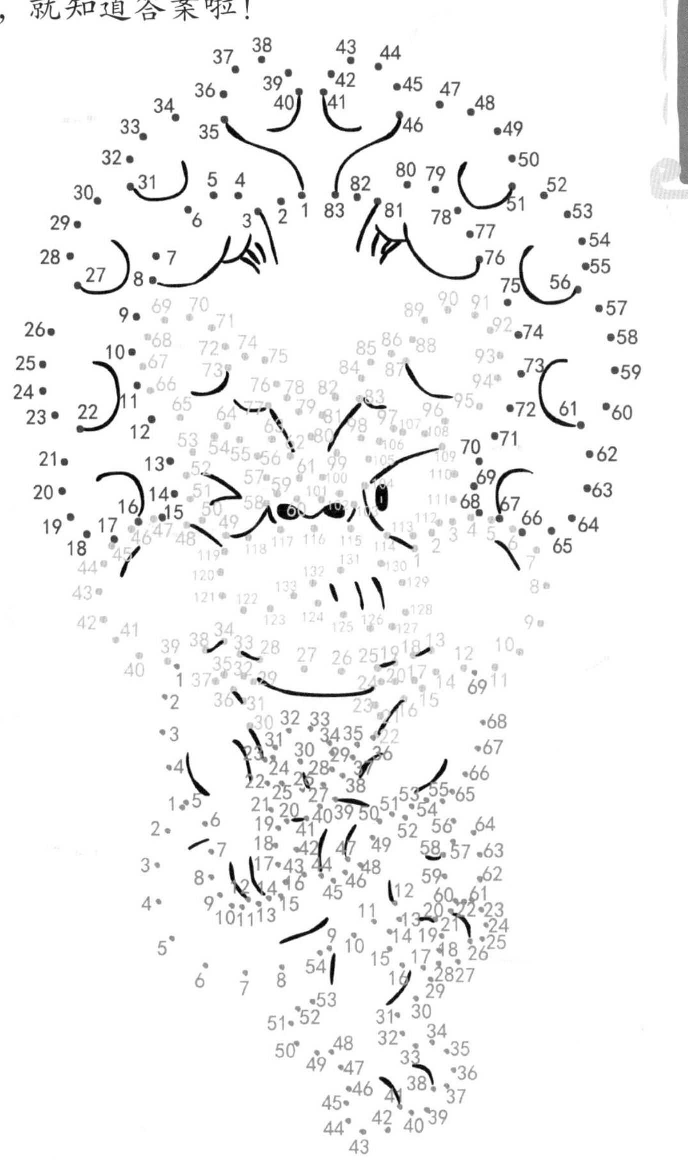

兔儿爷

兔儿爷的“双重”身份

兔儿爷是旧时京城孩子们非常喜欢的一种泥塑玩具，到今天已经有400多年的历史了。不过，和其他玩具不同，兔儿爷的真实身份其实是一位帮助人们祛病除灾的神仙。

传说过去京城闹瘟疫，月宫中的玉兔得知后，下到凡间，化身披着金盔金甲的大将军，帮助京城百姓治好了瘟疫。百姓为了感激玉兔，便用泥土做了一个面容威严、穿着霸气的兔子形神仙，这就是兔儿爷。后来，每逢中秋佳节，老北京人都会供上兔儿爷，祭拜求福。

然而有趣的是，就是这么一尊威武神气的兔儿爷神，却在中秋之后摇身一变，成为了孩子们手中你争我夺的玩具。如此这般接地气的神仙，恐怕也只有兔儿爷这一位了吧。

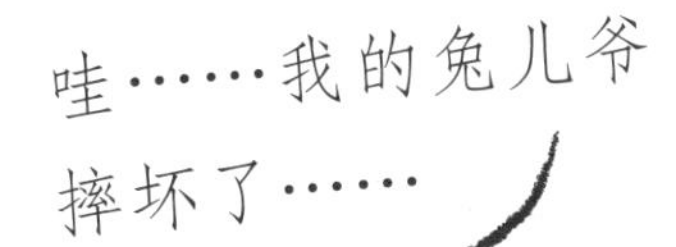

没关系的，赳赳，这兔儿爷每年都要请一个新的，旧的本来就是要摔碎的。老北京不是有这么句歇后语嘛：隔年的兔儿爷——老陈人儿。

兔儿爷的种类

传统的兔儿爷有很多造型，比如骑黑老虎的（寓意生财有道）、骑麒麟的（寓意麒麟吐书）、骑大象的（寓意吉祥如意）、骑梅花鹿的（寓意福禄长寿）等。

紫禁城里的兔儿爷

兔儿爷不仅是市井胡同里孩子们的玩具，就连紫禁城里的小阿哥也很喜欢呢。在北京的故宫博物院内，就收藏了五尊兔儿爷泥塑。这五尊都是清代遗留下来的泥塑玩具，堪称兔儿爷的鼻祖！

天工开物

彩绘兔儿爷

一起来动手给这位兔儿爷涂上你喜欢的颜色吧！

毛猴儿

说到北京的毛猴儿，那可是个特别有意思的小玩意儿。甭看它个头不大，只有拇指大小，但有他们“出席”的场景那可都是老百姓日常生活中的大场面：金榜题名、娶亲摆宴、庙会赶集……几乎北京城里所有的生活场景都能用这毛猴儿表现出来。

毛茸茸的小毛猴儿是用什么制作的呢？其实毛猴儿全身上下都是用传统中药材制作而成的：身体是辛夷（玉兰花苞），头和四肢是蝉蜕（知了壳），胶水是白及，斗笠（早年的毛猴儿都有斗笠，现在有的简化版没有斗笠）是木通。

辛夷（玉兰花苞）

蝉蜕（知了壳）

制作毛猴儿的材料在大自然里很容易就可以找到！

毛猴儿制作起来也比较简单：首先挑选一个大小适中的辛夷做身体，然后用蝉蜕头做毛猴儿的头，前足做腿，中足和后足做胳膊，再用木通做毛猴儿的斗笠。最后用白及熬制的胶水来黏合。这样，一只可爱的小毛猴儿就制作完成啦！

毛猴儿是怎么诞生的？

毛猴儿最早诞生于清朝同治年间北京南城一家名叫“南庆仁堂”的药铺里，由一位名叫王子丰的药房伙计首创。有关毛猴儿的诞生，还有一个有趣的故事。

相传在清朝同治年间，“南庆仁堂”药铺里有位名叫王子丰的小伙计经常因为这样或那样的原因被账房先生责备。每次挨了骂，小伙计也不敢对账房先生说什么，只能忍气吞声。

堂仁慶南

给王老爷的药怎么又抓错了？

到了晚上，郁闷的小伙计无聊地摆弄着药房里的药材，发现蝉蜕的样子和人的形象颇有几分相像，于是他又翻找了一些其他药材做辅料，打算做个账房先生的样子找找乐子，出出气。他选取了辛夷作为身体，蝉蜕做头和四肢。不一会儿，一个似人非人的形象就做成了。其他伙计们看了，都感觉很像平日里尖酸刻薄的账房先生。就这样，第一只毛猴儿诞生了。

噗噗噔儿

噗噗噔儿是旧时北方地区的一种儿童玻璃玩具，又称“倒掖气”。这种玩具的外形虽然简单（如图所示），但可玩性却非常强。玩的时候用嘴对着细管吹气，噗噗噔儿底部的玻璃就会“噗”的一声鼓起来，再吸气，玻璃又会“噔”的一声凹进去。反复吹气、吸气，噗噗噔儿的底部就会“噗”“噔”“噗”“噔”响个不停，非常好玩儿。又因其外形似小葫芦，故有人又称它为“响葫芦”。

每逢过年过节，孩子们对它都爱不释手，拿起来吹个没完没了。

虽然这种玩具很好玩，但也存在一定的危险性。如果气息控制不好，就很容易把玻璃吹破，再一吸气，碎玻璃渣就会被吸进嘴里，造成伤害。所以在如今的庙会集市上很难再看到噗噗噔儿的身影了。

赳赳，别玩儿了，逛了一天，我看大家都累了，咱们该带大家回去啦！
噗、噔、噗、噔，哈哈，真好玩儿！

好滴，再见！

这次的四合院之旅到此就结束了，我们该回去啦！
朋友们，有空记得找我来玩儿哦！

致　谢

在此特别感谢我的密友：

南城同学和张驰，

是你们让这套书有了最初的样子。

还要特别感谢两位老师：

李老师和杨老师，

是你们让这套书有了最后的样子。